PETIT TR

DE L'ART

DE FAIRE LE VIN

dans les départements

DU SUD-EST DE LA FRANCE

PAR

LOUIS CAILLE

Diplômé de l'École nationale d'agriculture de Montpellier
Ancien Sous-Directeur de la Ferme-Ecole de la Lozère
Professeur d'agriculture au Collège de la Mure
Lauréat des Agriculteurs de France.

PRIX : **1** fr. — *Franco Poste :* 1 fr. 10.

MONTPELLIER

CAMILLE COULET, LIBRAIRE-EDITEUR

Libraire de l'Ecole nationale d'Agriculture.

—

PARIS

GEORGES MASSON, LIBRAIRE-EDITEUR

120, Boulevard Saint-Germain.

—

1892

Cazalis. — Traité pratique de l'art de faire le vin, par le D' Frédéric Cazalis, directeur du *Messager agricole*, président de la Société d'agriculture de l'Hérault. Montpellier, 1890. 1 vol. in-8 de 400 pages, avec 68 figures dans le texte. Prix : 7 fr. 50. Franco poste........ **8 fr. 25**

Foëx (G). — Cours complet de Viticulture, par G. Foëx, viticulteur, directeur et professeur de viticulture à l'Ecole nationale d'agriculture de Montpellier, troisième édition, revue et considérablement augmentée, avec 6 cartes en chromo hors texte et 575 gravures dans le texte. Montpellier, 1891. 1 vol. in-8 cavalier de 1002 pages. Prix : 18 francs. Franco poste .... **20 fr.**

Marès. — Description des cépages principaux de la région méditerranéenne de la France, par Henri Marès, membre correspondant de l'Institut, membre de la Société nationale d'agriculture de France, secrétaire perpétuel de la Société centrale d'agriculture de l'Hérault. 1 vol. in-f carré (44 sur 56 c.), de 30 planches en chromo-lithographie et de 112 pages de texte environ. Prix...... **75 fr.**

Rougier (L.). — Instruction pratique sur la reconstitution des vignobles par les cépages américains ; par L. Rougier, professeur, troisième édition, revue et augmentée, avec figures dans le texte. 1891, 1 vol. in-12. Prix 3 francs. Franco poste .... **3 fr. 50**

Rougier (F.). — Manuel pratique de vinification, vins naturels, vins de sucre, piquettes, eaux-de-vie, marc. Deuxième édition revue et augmentée ; un volume petit in-8 ; avec figures dans le texte. Prix : 2 fr. 50. Franco poste .... **2 fr. 75**

Tochon (P.). — L'art de faire le vin et de lui conserver ses qualités ; conseils et renseignements aux Vignerons et aux Viticulteurs ; par P. Tochon, Président de la Société d'agriculture de Chambéry. Deuxième édition revue et augmentée. Montpellier 1888. 1 vol. in-8 de 128 pages. Prix : 2 fr. 50. Franco poste................. **2 fr. 75**

Grazzi-Soncini. — Le vin, ses caractères, ses défauts, par G. Grazzi-Soncini, directeur de l'Ecole de Viticulture et d'Œnologie de Conegliano. Traduit de l'italien par A. Picaud, licencié ès-sciences naturelles. Montpellier, 1891. 1 vol. in-12. Prix : 2 fr. Franco poste.... **2 fr. 25**

Viala (Pierre). — Une mission viticole en Amérique, par Pierre Viala, professeur de viticulture à l'Ecole nationale d'agriculture. Montpellier, 1889. 1 vol. in-8, avec huit planches en chromo-lithographie et une carte géologique des Etats-Unis. — Prix : 15 fr. Franco poste.... **16 fr.**

PETIT TRAITÉ
DE L'ART DE FAIRE LE VIN
dans les départements
du Sud-Est de la France.

Ouvrages du même Auteur

PETIT TRAITÉ

DE L'ART

DE FAIRE LE VIN

dans les départements

DU SUD-EST DE LA FRANCE

PAR

LOUIS CAILLE

Diplômé de l'Ecole nationale d'agriculture de Montpellier
Ancien Sous-Directeur de la Ferme-Ecole de la Lozère
Professeur d'agriculture au Collège de la Mure
Lauréat des Agriculteurs de France.

MONTPELLIER

CAMILLE COULET, LIBRAIRE-EDITEUR

Libraire de l'Ecole nationale d'Agriculture.

PARIS

GEORGES MASSON, LIBRAIRE-EDITEUR

120, Boulevard Saint-Germain.

1892

PETIT TRAITÉ

DE L'ART DE FAIRE LE VIN

DANS LES DÉPARTEMENTS

du Sud-Est de la France.

CHAPITRE Ier.

*Influence du cépage et du climat sur
la qualité des vins.*

I. — Originaire de l'Asie-Mineure, la vigne se rencontre de nos jours dans une zone très étendue. Mais, suivant les milieux, ses produits se modifient, et tel cépage qui donne les meilleurs crus dans les graves du bordelais, ne fournit plus que du vin détestable cultivé dans une région qui lui est étrangère. On peut même affirmer que chaque cépage a un climat qui lui est propre. Nos départements vinicoles en donnent une preuve manifeste : chacun d'eux cultive des variétés depuis longtemps connues et acclimatées par une longue génération de vignerons

C'est ainsi qu'en Savoie on cultive surtout la mondeuse, le persan, la douce-noire, le martin-cot, le hibou et le vert-noir comme cépages à raisins rouges, et la mondeuse blanche, la roussanne, l'altesse, etc., comme variétés à raisins blancs (1).

Dans la Haute-Savoie, c'est la mondeuse et le fendant qui ont la préférence. Dans l'Isère, on rencontre en mélange le picot rouge ou douce-noire, l'étraire, le pachot, etc. Le raisin du pinot forme la base du vin de Bourgogne, et le gamay est le cépage le plus justement apprécié du Beaujolais.

Le sol joue un rôle secondaire. Néanmoins, dans les bons fonds de plaines, le vin produit est moins alcoolique et plus abondant, tandis qu'il est plus bouqueté, plus moelleux, plus fin et plus riche en alcool, dans les terrains rocailleux, en pente, où la vigne est moins vigoureuse.

Le vin qui, pour un grand nombre, est une boisson de première nécessité, peut aussi devenir un objet de luxe

(1) Lire, pour plus de détails, la *Monographie des cépages de la Savoie*, de notre savant maître et compatriote, M. Pierre Tochon. Cet ouvrage est en vente chez M. C.-P. Ménard, à Chambéry, au prix de 1 fr. 50, franco poste.

d'une très grande valeur. Le produc-
teur, se plaçant au point de vue économique, choisira la production qui s'a-
dapte le mieux à sa situation.

C'est ainsi que, dans certains endroits,
il devra se livrer à la culture des vignes
à grands rendements, tandis que dans
d'autres, il trouvera une rémunération
plus avantageuse en produisant des
vins de qualité.

En Savoie, les treilles de la plaine
fournissent des vins ordinaires ; les
coteaux et les montagnes produisent,
au contraire, des vins estimés et justement renommés.

II. — Au point de vue botanique, la
vigne vient partout, mais elle ne donne
des produits remarquables qu'entre le
30° et le 45° degré de latitude. En dehors du 45° degré de latitude (Angle-
terre), on cultive la vigne en serre.
Cet arbuste est cultivé pour son vin et
pour ses fruits. Ces derniers font la
richesse de certains états : Turquie
d'Europe et d'Asie, Chine, Japon,
Algérie, etc.

En France, on cultive surtout la vigne pour son vin. Dans les régions
chaudes et bien exposées — quand le
sol s'y prête et que les cépages sont bien
adaptés — on obtient de très grands
rendements en vins.

La chaleur est le principal agent de
la production du sucre. Ce dernier, en

se transformant dans le moût, fournit l'alcool, lequel est l'élément constitutif le plus important du vin. .

Suivant les cépages et la nature du sol où la vigne est cultivée, suivant aussi la situation et l'exposition de celui-ci, cette bienfaisante action de la chaleur sur la formation du sucre donne tantôt des récoltes très abondantes, mais d'une richesse moyenne, tantôt des rendements beaucoup moins élevés comme quantité, mais dont la qualité est plus exquise, le moût plus sucré. Dans le premier cas, on obtient des vins à bon marché, encore appelés vins de plaines ; dans le second, on récolte des vins liquoreux, doux, des vins de montagnes qui sont très alcooliques et très renommés.

C'est dans le midi de la France, surtout dans les régions avoisinant la Méditerranée, que la production de la vigne paraît atteindre à son maximum et que la coloration est la plus intense. Cette dernière, toutefois, tient à la nature du cépage et à la richesse en sucre de la vendange. Il est prouvé que le degré saccharimétrique du moût a. une influence marquée sur la couleur, laquelle est d'autant plus prononcée que le raisin est plus sucré. — Mais en règle rigoureuse, en même temps que le sucre augmente dans le raisin, l'acidité de ce dernier diminue. Aussi reproche-t-on, avec raison, aux vins du Midi de manquer d'acidité, et c'est pour remédier à ce défaut capital qu'on a l'habitude de plâtrer les vendanges, afin de dégager tout l'acide tartrique.

L'excès de chaleur amène encore un autre inconvénient: une fois la vendange terminée, grâce à la température ambiante, le moût entre immédiatement en fermentation en développant une chaleur très vive. Cette trop rapide fermentation peut s'effectuer dans des conditions déplorables si on ne prend pas certaines précautions pour la modérer ; car une partie du sucre reste indécomposée et peut occasionner, par la suite, de graves maladies en alimentant des fermentations secondaires, et, toujours sous l'influence d'une température élevée, on risque de perdre les éthers aromatiques — essentiellement volatiles — qui constituent le bouquet du vin : on obtient alors des vins plats.

A mesure que l'on remonte plus au Nord, ces conditions se modifient ; le sucre diminue et l'acidité augmente.

Et, dans les régions les moins bien favorisées, une maturité incomplète aidant, on obtient des vins faibles, durs, âpres et astringents, grâce à la trop grande quantité d'acides tartrique, malique et tannique. D'autre part, la fermentation dans la cuve s'effectuant à une très basse température, le bou-

quet de ces vins peut être très déve-
loppé.

Dans ces régions, il conviendra de
cultiver la vigne aux meilleures expositions et de donner la préférence aux
cépages les plus hâtifs, en conservant
toutefois les plants du pays qui ont fait
leurs preuves.

CHAPITRE II.

*Le sol et son rôle. — Les engrais de la
vigne. — Les opérations culturales.*

On peut cultiver la vigne dans presque tous les sols, mais suivant la nature de la terre, les produits changent en qualité et en quantité.

Autrefois même on ne cultivait cette précieuse plante que sur des surfaces absolument stériles, ne pouvant produire aucune autre récolte. Mais à mesure que les vins ont acquis de plus en plus de renommée, la culture de la vigne a pris de plus en plus d'importance, et aujourd'hui on voit cette plante couvrir de très grandes étendues sous des climats très divers.

Toutefois, la composition géologique du sol n'a pas une très grande action sur la qualité du vin. Le climat et le cépage seuls exercent une influence sur les produits d'une région, et dans une même commune, avec une même variété de raisin, on obtient deux qualités de vins à deux expositions différentes.

Les vignes qui produisent nos meilleurs crus croissent dans des sols de composition variée. C'est ainsi que l'Hermitage vient dans le granit, le St-Thibéry dans un sol volcanique, le Madère français dans les marnes du Lias. Le crétacé fournit le Champagne, le calcaire oolithique le St-Georges et les sables quaternaires les meilleurs vins du Bordelais.

Cependant, la richesse du sol en éléments utiles à la végétation de l'arbuste exerce une influence assez sensible sur la production et la qualité des vins. Tous les vignerons s'accordent pour dire que la vigne donne des produits plus abondants dans un sol riche, frais et profond, que dans une terre sèche, caillouteuse et pauvre.

Toutefois, si le vin est en plus grande quantité, il ne possède pas la finesse de celui produit par les mauvais sols à exposition semblable. La différence n'est cependant pas assez accentuée pour qu'on doive se passer de fumer la vigne.

Il faut, au contraire, rendre à la terre, chaque année, les aliments azotés, phosphatés et potassiques, prélevés par les raisins et les sarments et exportés avec le vin. Il faut même faire des avances d'engrais, notamment en potasse; car il est prouvé que ce dernier corps augmente la quantité du moût en le rendant, en outre, plus riche en sucre, tandis qu'un excès d'azote contri-

bue à l'appauvrir et nuit à la conservation du vin (1).

En un mot, il faut à la vigne un engrais bien composé et dont la richesse
en tel ou tel élément fertilisant varie
suivant la nature même du sol et la vigueur du végétal.

Quant les sarments sont vigoureux,
un engrais à base de potasse suffit pour
maintenir et accroître notablement la
production en bons fruits. Au contraire, il est utile d'employer du fumier
de ferme ou d'autres engrais azotés
quand la vigueur des ceps laisse à dé-
sirer.

Au point de vue physique, la vigne
réclame un sol sain, coloré en noir, si
possible, pour l'absorption des rayons
solaires, tout au moins assez bien situé
pour favoriser la maturation des raisins
et éviter l'altération des fruits. Les sols
de consistance moyenne, ayant une lé-
gère pente et renfermant une certaine
proportion de cailloux, sont tout à fait
favorables à la production des raisins.

Le sous-sol doit être perméable et à
fortiori dans les terrains plats. Et
quand, à toutes ces bonnes disposi-

(1) Voir, pour la fumure de la vigne, mon
ouvrage spécial sur la *Reconstitution des vignobles à l'aide de la vigne américaine.*
Chambéry, chez M. C.-P. Ménard, imprimeur-
éditeur. Prix : 2 fr.

tions, on a l'heureux avantage d'avoir un sol légèrement foncé, on obtient des produits plus riches en sucre et des vins de grande valeur possédant des qualités spéciales qui les font particulièrement rechercher.

Notre pays est le premier du monde pour la nature privilégiée de son sol vinicole et la douceur relative de son climat. Nos crus, justement appréciés et renommés, constituent une partie très importante de la richesse agricole de la France.

La taille modifie la qualité du vin. Une vigne non taillée donne un vin moins généreux et moins bouqueté qu'une vigne régulièrement traitée. C'est ainsi qu'en conformité de cette règle, les treilles, taillées à long bois, produisent un vin de qualité inférieure à celui que donnent les vignes basses, presque toujours taillées à cornes.

Les labours et binages pour entretenir le sol propre, le palissage des pampres à des échalas dans les vignes basses et à des tuteurs et fils de fer dans les treillages, sont des causes prépondérantes pour augmenter la richesse en sucre des moûts et la couleur du vin.

Les soufrages, les sulfatages et les autres opérations anti-parasitaires qu'on applique à la vigne, agissent de même en favorisant la végétation et en per-

mettant aux feuilles de continuer régulièrement, par la fonction chloro-
phyllienne, l'élaboration de la sève et
la fabrication du sucre.

Enfin, l'ébourgeonnement, le pin-
cement et l'effeuillage, — cette dernière opération après la véraison, — produisent des effets incontestables dans
nos régions où chaque raisin doit avoir
sa *place au soleil*. Ces trois opérations
sont au contraire préjudiciables sur les
vignes du Midi où l'ombrage déterminé
par le feuillage est une condition indispensable— *sine quâ non* — pour éviter une évaporation trop grande de la
part du sol. De plus, comme l'acidité
des vins du Midi est toujours insuffi-
sante, en abritant les raisins sous les
feuilles on obtient des vins moins plats.
Dans chaque région, il y a, du reste, des
procédés spéciaux appliqués à la vigne
depuis des temps immémoriaux pour
augmenter la richesse des produits. Le
vigneron doit les modifier quand ils
sont défectueux en faisant des expériences comparatives.

CHAPITRE III.

Le raisin. — Moyens d'apprécier sa maturité. — La vendange.

Le raisin fait le vin et le cépage fait le raisin. Aussi, faut-il tenir un grand compte de l'époque de maturité du cépage dans nos régions où on ne doit cultiver que les variétés hâtives sanctionnées par de nombreuses expériences ; car, je le répète, la qualité du raisin influence directement la qualité du vin.

Dès que le raisin est mûr, on le récolte : c'est la vendange, le premier acte de la confection du vin. Mais avant d'arriver à complète maturité, le fruit de la vigne subit plusieurs phases. C'est ainsi que les raisins deviennent de moins en moins âpres et astringents, et de plus en plus sucrés, à mesure que la véraison s'accentue. Toutes ces transformations sont beaucoup plus rapides dans la région méridionale de la France, et on devra les *activer* sur nos vignes par le palissage, le rognage, l'effeuillage, le greffage et même l'incision annulaire.

Le raisin qui a acquis son complet

développement ne reçoit plus rien du cep. Et si on le laisse adhérent à celui-ci, ses grains diminuent de volume en perdant, par évaporation, une certaine quantité d'eau. Par suite de ce phénomène, c'est-à-dire de cette évaporation, il y a dans le fruit une augmentation proportionnelle des autres principes : sucre, mucilage, matière colorante, corps gras, huiles essentielles, etc.

Le premier acte de la maturation des raisins est la *véraison* ; les raisins blancs jaunissent et deviennent plus ou moins diaphanes. Les feuilles elles-mêmes pâlissent, car, à ce moment, tous les éléments nutritifs du végétal émigrent vers le fruit où ils se concentrent.

Il est assez aisé de reconnaître quand le raisin est arrivé à complète maturité : le pédoncule de la grappe se lignifie en passant successivement du vert au jaune, puis au brun ou au rouge vineux. Le grain, possédant son maximum de grosseur, devient mou et translucide ; il se détache avec facilité de la grappe et laisse, adhérente au pédicelle, une petite languette désignée sous le nom de *pinceau*, qui est légèrement colorée et gluante. Le jus exprimé du fruit a perdu son astringence: il est doux et se colle très facilement aux doigts.

Mais avant de procéder à la vendange, et pour être plus sûr que le raisin a bien atteint le degré de maturité voulu, on recherche le degré saccharimétrique du moût avec différents instruments de noms très divers : *pèse-moût, aréomètre, gleucomètre, mustimètre*, et dont les plus employés sont : l'*aréomètre Baumé* et le *mustimètre Gay-Lussac*, construit par Salleron.

L'aréomètre Baumé, quoique d'une graduation arbitraire, fournit néanmoins des indications très utiles, permettant d'apprécier le degré de maturité du moût et même la richesse très approximative du vin en alcool après la fermentation vineuse.

Entre 6° et 15°, en effet, chaque degré du moût correspond à peu près à un degré alcoolique du vin. C'est-à-dire qu'une vendange récoltée à 10° à l'aréomètre Baumé est capable de fournir un vin à 10 pour 0|0 d'alcool environ.

Cet instrument se compose d'une tige en verre, graduée de haut en bas, renflée et creuse à sa partie inférieure. Quand l'appareil est plongé dans un vase contenant le moût à doser, il s'enfonce variablement suivant la densité du liquide soumis à l'épreuve. Dans l'eau distillée, l'aréomètre marque *zéro;*

mais à mesure que le liquide augmente de densité, l'aréomètre monte davantage.

Le moût étant d'autant plus dense qu'il est plus sucré, il suffira de lire, sur la tige, la graduation au point d'affleurement, pour connaître la richesse du vin en alcool.

On vendange entre 6° et 15° suivant la saison, la situation de la vigne, la variété, la taille et les soins culturaux. Les vins qui ne pèsent que 6° sont dits *vins de plaine*. Au-dessus de 10° on a des vins liquoreux d'une valeur double ou triple.

Avec le mustimètre de Gay-Lussac, construit par Salleron, on obtient d'abord la densité du liquide, puis on se reporte sur une table spéciale pour connaître le degré saccharimétrique du moût. Cet appareil se compose également d'une tige en verre, graduée, toutefois, d'une façon différente. Ainsi, le poids de l'eau est marqué par le chiffre 1,000. Comme les moûts sont tous plus lourds que l'eau, le mustimètre s'enfonce d'autant moins que la vendange est plus sucrée. Opérer, autant que possible, à une température voisine de 15 degrés centigrades.

Le tableau suivant est un résumé des tables dressées par Salleron, lesquelles accompagnent toujours ses appareils :

Densité ou degrés du mustimètre	Degrés Baumé	Grammes de sucre par litre de moût	Richesse alcoolique du vin fait
1050	6.9	103	6 »
1055	7.5	116	6.8
1060	8.1	130	7.6
1065	8.8	143	8.4
1070	9.4	156	9.2
1075	10.0	170	10.0
1080	10.7	183	10.8
1085	11.3	196	11.5
1090	11.9	210	12.3
1095	12.5	223	13.1
1100	13.1	236	13.9

Pour apprécier la valeur du moût, on écrase plusieurs grappes dont l'ensemble représente la composition moyenne de la vendange. On filtre le jus, en le passant au travers d'un linge, puis on le verse dans une éprouvette où l'on plonge l'aréomètre ou le mustimètre. On lit la densité au point d'affleurement et le degré en alcool correspondant sur la table.

L'aréomètre ne sert pas seulement à indiquer la richesse des moûts, mais il permet aussi de se rendre rigoureusement compte de la quantité de sucre à ajouter à la vendange dans les mauvaises années.

Pour vendanger au plus haut degré de maturité, il faut faire des essais chaque jour : on cueille le raisin quand la densité reste stationnaire.

Ces instruments permettent de même de se rendre compte de la valeur individuelle des variétés cultivées, lesquelles sont d'autant meilleures qu'elles produisent des vins plus liquoreux.

Dans nos pays, on coupe les raisins quand la maturité est complète ; dans le midi de la France, il y a avantage à vendanger un peu sur le vert, le vin manquant toujours d'acidité. On fait de même pour certains producteurs directs américains, entre autres le Noah, l'Othello, le Brandt, afin d'atténuer, dans la mesure du possible, le goût foxé qui caractérise ces cépages.

On vendange par un beau temps ; il est avantageux, pour la qualité des vins, de ne pénétrer dans les vignes qu'un moment après le lever du soleil pour permettre à la rosée de disparaître avant la cueillette.

Pour séparer les raisins des sarments, on se sert d'une serpette ou d'un petit sécateur. Le sécateur, permettant d'éviter les secousses qui font tomber les graines, doit être préféré à la serpette.

Tout le monde peut vendanger :

vieillards, hommes, femmes et enfants.
Les raisins sont placés dans des paniers ou, préférablement, dans des
seaux spéciaux en tôle qui s'opposent
à l'écoulement du jus des fruits meur-
tris.

Une fois garnis, les paniers et les
seaux sont versés dans des bennes ou
comportes que l'on transporte sur un
char au lieu de chargement, ou que l'on
déverse dans un cuvier. Ce sont les *por-
teurs* qui sont chargés de ce travail;
les *coupeurs* ne font que garnir les
comportes. Quand il y a beaucoup de
raisins et que le lieu de chargement
est assez éloigné, on ne met que 3 ou 4
coupeurs pour un porteur : ce dernier
peut alors mieux surveiller le travail
de ses coupeurs et aider aux retarda-
taires. Il importe de mettre de côté les
grains altérés ou desséchés qui pour-
raient nuire à la bonne qualité du vin
et à sa conservation.

CHAPITRE IV.

*La fermentation vineuse. — Rôle du
mycoderma vini.— Conditions essentielles à sa vie. — Influence de
l'air et de la chaleur.*

Autrefois, on appelait *fermentations* tous les phénomènes tumultueux
qui se produisaient dans un liquide
quelconque, et le mot *fermentation*
était le synonyme de *tumulte*. Ce n'est
que depuis les admirables travaux de
M. Pasteur, c'est-à-dire depuis 1860,
que ces phénomènes nous apparaissent
sous un jour tout nouveau.

On sait maintenant que tous les êtres
organisés, végétaux et animaux, servent de nourriture à de nouveaux êtres
organisés, végétaux ou animaux, d'un
ordre très inférieur et dont la petitesse
et le nombre sont infinis.

On sait également que les germes
de ces êtres microscopiques sont ré-
pandus partout: dans le sol, dans l'air,
à la surface des végétaux et des animaux. On les voit tourbillonner dans la
traînée lumineuse d'un rayon de soleil
qui traverse une chambre obscure.

D'ailleurs, leur fonction dans la nature est immense, et c'est surtout sous

leur influence que les débris organisés font retour au règne minéral, en se réduisant en gaz et en poussière. C'est encore grâce à eux que le sucre des raisins, servant à leur nutrition, donne de l'alcool par la fermentation vineuse.

Comme ces êtres infiniment petits sont privés de chlorophylle, les savants modernes ont appelé les *fermentations des transformations chimiques que subissent certaines matières organiques préalablement dissoutes, sous l'influence d'êtres organisés, toujours privés de chlorophylle, qui se développent et vivent aux dépens du liquide qui fermente.*

Les êtres microscopiques qui opèrent dans le moût des raisins sont des ferments alcooliques, car ils ont pour mission de transformer le sucre glucose ($C^{12} H^{12} O^{12}$) en alcool 2 ($C^4 H^6 O^2$) et en gaz acide carbonique 4 (CO^2).

Le ferment du vin se rencontre en grande abondance dans la lie et dans l'écume de la bière. Et c'est cette dernière provenance qui lui a valu le nom de *levure de bière.*

Observés au microscope, ces ferments apparaissent sous la forme de cellules arrondies, portant des noyaux. Ces cellules se multiplient avec une très grande intensité par bourgeonnement, et au bout d'un très petit nombre d'heures, si la température est favorable, une cellule mère donne une grande quantité de filles et de petites-filles.

Mais pour vivre et se multiplier, le ferment du vin, ou le *mycoderma vini*, a besoin de corps variés qui lui servent d'aliments, et d'un degré de température déterminé. Le sucre est son aliment essentiel ; mais seul, dans le liquide, il ne suffit pas à sa vie. Voilà pourquoi les vins d'hydromel, qui ne renferment que du sucre de miel pur, fermentent si difficilement.

· Il faut au ferment, avec le sucre, des matières azotées, des acides, des sels de potasse, de chaux et des phosphates.

— Tous ces corps se rencontrent dans les vendanges normales, et quand ils manquent, on doit les ajouter dans les moûts.

Cependant, l'excès de certaines de ces substances dans le jus des raisins est tout aussi préjudiciable à une complète fermentation que l'absence des matiè-res précitées. C'est ainsi qu'un moût très riche en sucre (17° à 18°) ne fermente qu'imparfaitement. Dans un moût si sucré, l'action du mycoderme est paralysée par la trop grande douceur du jus. Toutefois, si le moût ne pesait que 15°, la fermentation serait régulière au début. Mais elle ne serait pas complète à cause de l'excès d'alcool qui en résulterait. Voilà pourquoi les raisins très sucrés fournissent des vins généreux d'une grande douceur, c'est-à-dire des vins qui contiennent trop d'alcool pour que le sucre puisse se transformer entièrement.

Les ferments se divisent en deux groupes, les *aérobies* et les *anaérobies*. Les aérobies ont besoin d'air pour végéter ; les autres fonctionnent sans la présence de l'oxygène.

Mais, d'après M. Pasteur, les ferments aérobies se transforment aisément en anaérobies en changeant leur manière de vivre.

En ce qui concerne le ferment alcoolique, la présence de l'air n'est pas sans influence dans les phénomènes qui accompagnent la transformation du moût en vin. L'oxygène active beaucoup la vie du ferment vinique, et cette activité n'est pas sans importance pour obtenir une fermentation complète du moût dans les vendanges riches en sucre où les ferments se fatiguent avant la fin ; la présence de l'air les remet en action : de là, une production d'alcool plus considérable.

L'air joue encore un second rôle qui n'est pas moins important que celui que nous venons d'analyser.

On sait que les matières azotées sont indispensables à la vie du ferment du vin. Quand ces matières azotées sont abondantes, il en reste dans

le liquide qui nuisent à la conservation de celui-ci en favoisant des
fermentations secondaires. Toutefois,
ces matières azotées précipitent en
présence de l'oxygène en se combinant
avec l'air, et on utilise cette heureuse
action de l'atmosphère en faisant cuver
les moûts dans des cuves découvertes
et basses pour que les matières nuisibles se séparent au lieu de former plus
tard un grand dépôt de lie dans les
tonneaux. Le vin ainsi traité n'aban-
donne alors, en se dépouillant, que du
tartre cristallin, ce qui est un indice
de bonne conservation.

Le moût, surtout quand il est très sucré, doit donc fermenter en présence
de l'air ; mais, aussitôt transformé en
vin, on doit l'abriter.

Abandonné à l'air, le vin ne tarde
pas, en effet, à produire du vinaigre à
la faveur d'un second ferment appelé
le *mycoderma acéti* ou le microbe de
l'ascescence.

Par la fermentation, le moût du raisin perd sa saveur sucrée et prend un
goût alcoolique.

Le sucre est changé en alcool par les
organismes que nous venons d'étudier.
Ces organismes exigent de la chaleur
pour végéter, et au-dessous de 8 à 10°
(C) ils restent inactifs. L'excès de chaleur paralyse de même leurs efforts.
L'expérience a prouvé que c'était entre

15 et 25° (C) qu'ils montraient la plus grande activité. Il est, du reste, nuisible de laisser fermenter les moûts à une température trop élevée : les principes aromatiques et une certaine quantité d'alcool peuvent alors s'échapper de la cuve. Ce cas se présente dans les pays chauds où le vin obtenu est généralement moins bouqueté que celui produit dans nos régions. Mais si, dans le Midi, il faut prendre des précautions pour diminuer la température du moût, dans nos contrées la chaleur n'est jamais nuisible, et on sera quelquefois obligé de chauffer les vendanges pour faciliter la végétation des mycodermes.

Le sucre, en se transformant en alcool, produit de l'acide carbonique qui se dégage hors de la cuve. Deux autres corps, indispensables à la bonne qualité du vin, prennent également naissance pendant la fermentation : la glycérine et l'acide succinique.

Ces faits nous expliquent comment l'addition de sucre à la vendange donne de biens meilleurs résultats que l'usage direct de l'alcool pour remonter le vin. Car, en ajoutant du sucre à une vendange incomplètement mûre, on obtient, après le cuvage, avec l'alcool, la glycérine et l'acide succinique, c'est-à-dire un vin d'une composition normale. De plus, comme c'est l'alcool qui dissout la matière colorante, il y a avantage à opérer ainsi pour avoir des vins plus riches en couleur.

Ces avantages inhérents à la fermentation du sucre ne s'obtiennent pas en additionnant directement de l'alcool au vin fait, car cette dernière opération n'a d'autre but que d'augmenter la teneur alcoolique du liquide.

En principe, le vin est d'autant plus coloré qu'il contient plus d'alcool. Ce dernier, une fois formé, coagule en partie les matières albuminoïdes qui se déposent ainsi qu'une certaine quantité de crème de tartre.

Telles sont, à grands traits, les principales modifications que subissent les moûts par la fermentation vineuse.

CHAPITRE V.

Le sucrage des vendanges. Le plâtrage des moûts. — L'acide tartrique et son action.

Les vendanges sont rarement parfaites. L'irrégularité des saisons et les maladies parasitaires modifient profondément, dans certaines années, la bonté des raisins. Il sera donc nécessaire, dans la plupart des cas, de connaître les procédés spéciaux capables de corriger les défauts des moûts, afin d'obtenir des vins de bonne qualité.

Parmi les éléments qui entrent dans la composition des moûts, le sucre joue un rôle prédominant. Aussi le vigneron ne doit-il rien négliger pour assurer sa conservation et augmenter sa proportion dans les fruits par des procédés culturaux spéciaux et par des vendanges complètement mûres.

Il arrive néanmoins que, dans certaines saisons, le degré saccharimétrique des moûts est insuffisant, et il faut alors ajouter à la vendange le sucre nécessaire pour obtenir le degré alcoolique voulu.

Le sucrage des raisins doit se faire avec opportunité, et il est important de n'ajouter que du sucre de bonne qualité dans les moûts.

En règle générale, on ne doit sucrer que les vendanges imparfaitement mûres et celles altérées par les intempéries et les parasites animaux ou végétaux.

Cependant, dans certaines régions peu favorables à la culture de la vigne à cause de l'inclémence du climat, on se trouvera bien de sucrer régulièrement les moûts.

Le sucre employé doit être d'une grande pureté, afin de conserver au vin qui en résulte, toute sa saveur et son goût particulier. — On peut se servir indistinctement du sucre de canne ou du sucre de betterave, cristallisé ou raffiné. Mais à pureté égale, le sucre de canne est généralement préféré des vignerons, quoique, théoriquement et pratiquement, le sucre de betterave soit aussi avantageux que le sucre de canne.

On peut aussi utiliser les mélasses, les glucoses et les divers sirops capables de produire de l'alcool par la fermentation vineuse. Toutefois, ces substances renfermant souvent des corps étrangers dont le mauvais goût altère les vins, il vaut infiniment mieux n'utiliser que les sucres cristallisés ou raffinés. D'autant que l'Etat a consenti à un fort dégrèvement en faveur des sucres destinés à relever les vendanges.

Quant à la quantité de sucre à ajouter au moût, elle est sous la dépendance directe de la richesse de la vendange, laquelle est réglée par le degré de maturité du fruit. Ordinairement, on ajoute d'autant plus de sucre à la vendange que celle-ci est plus pauvre et moins mûre. Il est, du reste, facile d'en déterminer la quantité exacte en faisant usage du mustimètre ou de l'aéromètre Beaumé que l'on plonge dans le liquide en se conformant aux indications données au chapitre précédent.

Veut-on, par exemple, un vin à 10 pour 100 d'alcool ? Avec le mustimètre Salleron, un moût capable de donner 10 pour 100 d'alcool, pèse 1.075. On ajoutera donc du sucre toutes les fois que le mutismètre donnera une indication inférieure à 1.075.

Le tableau suivant fait connaître, en kilogrammes, la quantité de sucre à ajouter dans les moûts, par hectolitre de liquide, pour obtenir 10 pour 100 d'alcool dans le vin.

Pour un moût d'une densité de :

1.040	il faut ajouter	8 kil. 600	de sucre.
1.045	—	7 kil. 200	—
1.050	-	6 kil. 800	—
1.055	—	5 kil. 400	—
1.060	—	4 kil. 100	—

1.065 il faut ajouter 2 kil. 700 de sucre.
1.070   —   1 kil. 300   —

Avec l'aéromètre Beaumé, on se servira du deuxième tableau que je donne ci-après :

Pour un moût pesant :

5° il faut ajouter 8 kil. 500 de sucre.
6°   —   6 kil. 800   —
7°   —   5 kil. 100   —
8°   —   3 kil. 400   —
9°   —   1 kil. 700   —

Du reste, connaissant la richesse du moût, il suffit de rappeler que, pour augmenter un hectolitre de vin de un degré d'alcool, il faut ajouter à la vendange 1 kil. 700 de sucre.

Quand un vin pèse 10 degrés, il est d'une richesse plus que suffisante. Néanmoins, il existe beaucoup de crus ordinaires qui dépassent cette proportion d'alcool.

Quand le sucre est employé en faible quantité, il peut s'ajouter directement à la vendange, surtout si celle-ci est acide et que la température extérieure est favorable.

Mais lorsque ces deux conditions ne sont pas réunies et que la quantité de sucre à utiliser est importante, il est nécessaire de lui faire subir une préparation préalable, reconnue indispensable, pour que sa transformation complète en alcool ait lieu. Car, pour fer-

menter, le sucre doit subir une méta-
morphose particulière, en passant de
l'état de sucre de canne à l'état de sucre glucose. Ce dernier seul peut produire de l'alcool sous l'influence des
mycodermes, et quand on ajoute beaucoup de sucre à la vendange sans qu'il
soit transformé, on peut être à peu près
certain que la fermentation sera incomplète et qu'une partie du sucre
restera intacte pour alimenter plus tard
des fermentations secondaires, toujours nuisibles à la bonne conservation
du vin.

L'*interversion* est le nom de cette
préparation spéciale du sucre. Cette
préparation est sinon indispensable,
du moins très utile, surtout dans nos
régions où la chaleur fait souvent défaut pour la bonne activité du ferment
de l'alcool (1).

On sucre rarement les vins du Midi,
lesquels manquent toujours d'acidité,
tandis que les vins de nos pays sont
suffisamment acides mais jamais trop
alcooliques.

De là, deux opérations distinctes à
appliquer dans chacune de ces deux
régions : d'un côté — chez nous — le
sucrage des moûts ; de l'autre — dans

---

(1) Nous décrirons cette opération dans un
chapitre spécial.

tous les vignobles du bassin de la Méditerranée — le plâtrage des vendanges. Cette dernière opération, en effet, a surtout pour mission de relever les vins trop plats en avivant leur couleur par la production d'acide tartrique qui en résulte.

L'action du plâtre ou sulfate de chaux dans les vendanges a été étudiée par M. Chancel, doyen de la Faculté des sciences de Montpellier, et je donne ci-après les conclusions de ce savant :

1° Le plâtre appliqué à la cuve clarifie et augmente les chances de conservation du vin, en précipitant par une action toute mécanique les substances altérables ;

2° Il n'augmente pas d'une façon très sensible la chaux contenue dans les vins ;

3° Il élève le degré acidimétrique du vin, et par là en avive la couleur et en assure la stabilité ;

4° Il fait passer du marc dans le vin la moitié de l'acide tartrique qui, sans son intervention, resterait dans le marc à l'état de tartre ;

5° Il introduit dans le vin la presque totalité de la potasse qui se trouve dans le marc à l'état de bitartrate ; cette base est combinée dans le vin en partie à l'état de bisulfate et en partie à l'état de tartre.

M. Audoynaud, un de mes distingués professeurs, ajoute que le plâtrage des vendanges a pour but d'activer la fermentation des moûts et par conséquent de favoriser en peu de temps la complète décomposition du sucre.

De là, production d'une plus grande quantité d'alcool qui empêche le développement des fermentations secondaires.

Quoi qu'il en soit, les hygiénistes ne sont pas tout à fait d'accord sur les effets produits sur la santé par les vins provenant de vendanges plâtrées, et comme la jurisprudence relative au plâtrage est assez confuse, les viticulteurs du Midi attendent avec impatience une règlementation définitive de cette opération (1).

Les viticulteurs de notre pays n'auront probablement jamais à utiliser le plâtre, nos vins étant suffisamment

_____

(1) Pour reconnaître si un vin a été plâtré, on recherche la présence du sulfate de potasse. On en verse une petite quantité dans un verre. On ajoute une petite proportion d'une dissolution de *chlorure de baryum* ou *d'azotate de baryte*. Le vin renfermant du sulfate de potasse donne immédiatement un précipité blanc qui persiste en ajoutant au vin de l'acide azotique ou chlorydrique. Si le vin ne renferme pas de sulfate, il ne se trouble pas ou donne un léger précipité qui disparaît par l'addition de l'un des acides susmentionnés.

acides. Je me dispense donc d'en indiquer l'emploi et me contente de dire
qu'on met en moyenne 3 kilogr. de
plâtre par 100 kilogr. de vendange.

Il y a, du reste, intérêt pour le vigneron à n'employer le plâtre qu'en cas de
force majeure, les consommateurs, à
qualité égale, donnant la préférence
aux produits non plâtrés.

Il n'en est pas de même de l'acide
tartrique qui existe naturellement
dans le vin et que l'on peut ajouter à
la vendange sans se mettre en opposi-
tion avec la loi. Mais ce n'est encore
que dans le Midi qu'on doit en faire
usage. Toutefois, un certain degré d'a-
cidité étant nécessaire pour faciliter la
vie du ferment et pour fixer la matière
colorante, il y aura lieu d'utiliser une
certaine quantité d'acide tartrique dans
nos vendanges toutes les fois que, par
suite de maladies parasitaires ou autres
accidents, les raisins seront imparfaitement mûrs, c'est-à-dire toutes les fois
qu'il sera nécessaire d'ajouter du sucre au moût.

L'acide tartrique du vin a une grande action sur la limpidité du liquide et
la stabilité des matières colorantes, et
il est indispensable à la bonne vinification du vin du Jacquez, ainsi que nous
le verrons dans un chapitre spécial.

En ajoutant aux vins de plaine, à
ceux provenant de raisins altérés, et à

tous les vins exposés à changer de couleur, à se casser, à se troub!er à l'air, une certaine proportion d'acide tartrique, de 50 à 100 gr. par hectolitre, soit à la cuve soit au tonnèau, mais préférablement à la cuve. on évite la plupart du temps ces accidents qui sont toujours fort préjudiciables.

Circulaire relative au plâtrage.

Le garde des sceaux, ministre de la justice, a adressé, à la date du 2 avril 1891, la circulaire suivante aux procureurs généraux :

Par mes instructions des 26 septembre et 18 décembre 1890, je vous ai fait connaître que la loi du 27 mars 1851 devrait être appliquée. dès le 1er avril prochain, au commerce des vins plâtrés à plus de 2 grammes par litre. Ces instructions, ainsi que je l'ai déclaré devant la Chambre des députés dans la séance du 12 du mois dernier, en réponse à une question qui m'était adressée, doivent être entendues en ce sens que les vins ordinaires plâtrés au delà de cette limite ne tomberont sous le coup de la loi que lorsqu'ils seront livrés à la consommation ou qu'ils seront trouvés en circulation, quelle que soit d'ailleurs leur provenance.

En conséquence, ne doivent pas donner lieu à des poursuites les vins, même plâtrés à plus de 2 grammes par litre, qui, à la date du 1er avril 1891, se trouveraient déposés dans les caves ou magasins des propriétaires ou négociants en gros. Quant aux vins dits de liqueur, tels que Malaga, Madère, Frontignan et autres vins similaires qui sont consommés au petit verre, ils continueront à jouir de la tolérance qui est actuellement accordée à tous les vins et, quoique contenant plus de 2 grammes de plâtre par litre, ne devront, jusqu'à nouvelles instructions de ma chancellerie, faire l'objet d'aucune poursuite.

Je vous prie de vouloir bien m'accuser réception de la présente circulaire et la porter à la connaissance de vos substituts.

CHAPITRE VI.

Le cuvage de la vendange. — Les cuves en bois et les cuves en maçonnerie. — Le foulage et l'égrappage. — Moyens d'empêcher l'acescence.

I. — Pour que la transformation du sucre en alcool soit régulière, on met les raisins dans des cuves placées dans des granges ou dans des celliers. Dans nos pays, la température est rarement trop élevée au moment du cuvage, aussi les celliers, où le froid est moins intense que dans les granges, sont-ils préférables pour la transformation des moûts.

Les celliers conviennent également très bien aux pays méridionaux, car la température intérieure de ces habitations, sans être trop grande, est toujours régulière.

Je n'ai pas la prétention de faire connaître dans cette courte étude les dimensions des celliers et caves et les plans de ces constructions ; je dirai toutefois qu'il est plus avantageux pour nos régions de faire cuver le vin dans des locaux peu spacieux, la chaleur étant toujours plus élevée dans ces derniers.

Dans les petites exploitations, on ne possède généralement pas de vases spéciaux pour la fermentation du moût : la plupart du temps on se contente d'un tonneau défoncé d'un bout, placé de champ, et dans lequel on verse la vendange. — Mais dans la moyenne et la grande propriété on possède des cuves en bois et en maçonnerie : les premières sont mobiles ; les autres sont fixes.

Les cuves en maçonnerie construites de nos jours sont fabriquées avec du ciment. Et tandis qu'une cuve en bois coûte de 6 fr. à 7 fr. par hectolitre, la cuve en ciment ne dépasse pas 3 ou 4 francs.

De plus, grâce à leur forme à section carrée ou rectangulaire, ces cuves occupent beaucoup moins de place, et on peut les placer dans les angles tout en diminuant les dimensions des celliers. Elles sont également d'un nettoyage beaucoup plus facile que celles en bois. Malheureusement, ces cuves s'échauffent moins vite que celles en bois, ce qui est un inconvénient sous notre climat. Il est bon d'ajouter qu'une fois chaudes la température s'y maintient régulière et la fermentation s'y opère admirablement. Mais encore, pour les utiliser, faudrait-il réchauffer les vendanges presque toutes les années.

Dans tous les cas, avant de mettre la

vendange, pour la première fois, dans une cuve en ciment, il convient de saturer les sels de chaux, lesquels, sans cette précaution préalable, seraient attaqués par les acides du vin pour le plus grand préjudice de ce dernier produit.

Le procédé le plus commode et en même temps le plus économique pour obtenir la neutralisation des sels calcaires du ciment, consiste à laver l'intérieur de la cuve avec de l'acide sulfurique ou de l'acide tartrique dilués dans de l'eau. On se sert, pour ce travail, d'une éponge que l'on passe partout sur la surface du ciment. On remplit ensuite la cuve avec de l'eau limpide que l'on laisse pendant une huitaine de jours. On rince, enfin, à grande eau, après ce délai, et l'opération est terminée.

A mon avis, on se trouverait bien d'installer des cuves en ciment dans les vignobles éloignés de la ferme. On aurait ainsi à bon compte des récipients fort commodes, ne risquant pas de moisir. Mais, toutes les fois qu'il s'agira d'installer une cuve dans un cellier attenant à la maison, on donnera la préférence au bois. Sauf, cependant, pour les exploitations très étendues dans lesquelles on peut utiliser et les cuves en bois et celles en ciment.

Le bois, à part celui des essences résineuses, ne communique jamais de mauvais goût au vin ; il convient donc parfaitement, quand il est bien conservé, à la transformation du moût.

Les formes de cuves sont très diverses : tantôt ce sont des foudres ou de plus petits tonneaux que l'on place debouts dans le cellier, tantôt ce sont des cuves ouvertes ou fermées. — Ces dernières années, M. Michel Perret a imaginé une cuve à étages, afin de mieux diviser les parties solides de la vendange pendant le cuvage ; les unes et les autres sont excellentes quand on sait traiter la vendange.

En principe, il faut éviter l'accès de l'air en fermant les cuves supérieurement avec des planches, et empêcher le marc de monter à la superficie où il forme un chapeau.

II. — Le cuvage diffère de la fermentation vineuse. C'est l'opération pendant laquelle le moût accomplit sa fermentation tumultueuse au contact de la pellicule du raisin. On ne fait cuver que les raisins rouges. Les vins blancs faits avec des raisins blancs, et les vins faits en blanc, fabriqués avec le jus seulement des raisins rouges, ne fermentent qu'une fois en tonneau et par conséquent ne cuvent pas.

Dans le cuvage proprement dit, les raisins sont traités de différentes manières : on égrappe ou on laisse les rafles ; on écrase les raisins où on ne foule pas du tout.

L'égrappage est l'opération qui a pour but de séparer les grains de la rafle.

La grappe rend le vin plus acide, plus astringent ; on se trouvera donc bien d'égrapper dans les mauvaises années et toutes les fois que les raisins seront incomplètement mûrs.

Dans les pays chauds, il ne faut pas égrapper, les vins n'étant jamais suffisamment acides.

L'égrappage s'opère de différentes façons. Dans les petits vignobles, on sépare les grappes, après avoir écrasé les raisins dans un cuvier, avec un trident ; dans les exploitations plus importantes, on utilise des machines appelées « *égrappoirs* ».

On foule aussi les raisins, c'est-à-dire qu'on écrase les grains. L'opération du foulage s'opère avant ou pendant le cuvage. Elle a pour mission d'activer la fermentation en permettant au *mycoderma vini* de se développer partout très rapidement. On comprend que le jus d'un grain de raisin, enfermé dans la pellicule, fermente moins vite que le moût qui nage dans la cuve.

Il sera donc utile de fouler les raisins dans les pays froids pour avoir une fermentation plus active, tandis qu'il ne faudra jamais écraser les fruits de la vigne dans les pays méridionaux. D'autant que, d'après Sainpierre, la fermentation intérieure des grains est particulièrement favorable au développement de l'arôme du vin (1).

Le foulage des raisins, comme l'égrappage, peut se pratiquer différemment selon l'importance du vignoble et les circonstances. Le procédé le plus simple consiste à écraser les grains avec les pieds.

On place la vendange sur des planchers spéciaux d'où le liquide s'écoule dans la cuve. Cette manière d'opérer a le grand avantage de ne point briser les pépins. Toutefois, ce procédé n'est pas sans inspirer une certaine répugnance, même en admettant que là personne qui opère est très propre. Aussi sera-t-il préférable d'employer les fouloirs mécaniques dans toutes les exploitations un peu importantes.

Dans certains cas, on foule les raisins pendant le cuvage. Des hommes pénètrent alors dans la cuve, broient les raisins avec les mains et font descendre le chapeau au fond avec les pieds. Ce procédé, plus répugnant encore que le

---

(1) Il paraît également prudent de ne point trop fouler les vendanges incomplètement mûres, la maturation des grains se continuant pendant le cuvage par le blettissement des fruits.

premier, a, de plus, le grand inconvénient de mettre la vie des ouvriers en
danger.

On sait, en effet, que la fermentation
des moûts produit du gaz carbonique.
Ce dernier est irrespirable, et la vie
devient impossible dans une atmosphère qui en renferme 30 0/0 seulement. Aussi, conseillerons-nous aux
ouvriers d'aérer la partie supérieure de
la cuve avant le foulage, et, par mesure de prudence, d'y faire brûler une
bougie avant d'y pénétrer : l'asphyxie
ne se produit que là où la bougie ne
brûle pas.

Il est plus avantageux et surtout préférable pour les ouvriers de faire usage
de bâtons fouleurs qui agissent dans la
vendange à la manière d'une râpe. Ces
bâtons sont formés par une série de
troncs de cône faisant saillies à l'exté-
rieur et ayant leur base la plus grande
tournée contre le sol.

Pour faire usage du bâton fouleur, on
pratique d'abord un trou au milieu de
la vendange. Ensuite, par des mouve-
ments rectilignes alternatifs de haut en
bas, on broie les grains et on fait tomber le chapeau. On se servira aussi du
bâton fouleur toutes les fois qu'il y aura lieu d'aérer les moûts pour obtenir
une transformation complète du sucre.

L'aération des moûts est toujours
avantageuse quand les vendanges ont

été effectuées à une basse température.
Elle est aussi utile dans les pays chauds
où le sucre abonde et où aussi il n'est
pas toujours complètement transformé:
dans les deux cas, l'aération est nécessaire pour introduire dans la vendange
de nouveaux ferments.

On se trouve également bien d'aérer
les vendanges trop riches en matières
azotées, celles des treilles par exemple, et celles altérées par les maladies
cryptogamiques qui contiennent, comme les précédentes, un excès d'azote.
Les matières albuminoïdes sont, en effet, précipitées par l'air au fond de la
cuve et ne risquent plus de nuire à la
conservation du vin.

Des machines spéciales ont été
créées pour l'aération des vendanges ;
on les utilise avec profit dans le midi
de la France. Mais dans nos régions,
le foulage et l'égrappage, pratiqués
comme nous l'avons indiqué, donne-
ront une aération bien suffisante.

Le cuvage bien conduit donne les
résultats suivants :

1° Transformation complète du sucre
en alcool ;

2° Vin contenant tous les principes
susceptibles d'augmenter sa valeur,
que ces principes proviennent du raisin ou qu'ils prennent naissance pendant la fermentation ;

3° Le non développement de l'acescence et de toute autre fermentation secondaire.

J'ai donné précédemment les moyens de réaliser les deux premières conditions ; il me reste à indiquer rapidement les procédés connus pour combattre l'acescence, ou, pour être plus clair, le vinaigre.

Ces procédés varient suivant les pays. Dans le midi, on se sert de cuves fermées, petites ou grandes, suivant la qualité de la vendange. Les vendanges capables de donner les meilleurs vins fermentent dans des cuves plus petites.

Pour notre pays, on se trouve bien d'adopter la cuve à étages de M. Michel Perret, le savant agronome de l'Isère. Dans cette cuve, les parties solides de la vendange sont séparées en minces couches avec l'aide de claies placées contre des crochets intérieurs qui les empêchent de monter. Le procédé Perret, tout à fait simple, est commode à appliquer ; il permet une fermentation rapide et évite toutes les craintes d'acescence.

Dans les petites propriétés on se contentera de donner un bon foulage au moment de la fermentation tumultueuse ; puis avec des planches que l'on dispose en croix dans la cuve et que l'on maintient étayées dans cette position, on empêchera le chapeau de monter.

CHAPITRE VII.

*Le décuvage. — Vin de goutte et
vin de pressoir. — Le pressurage.
— Conclusions de ce chapitre.*

Quand les conditions sont favorables,
le raisin, une fois en cuve, ne tarde
pas à entrer en fermentation. Cette
dernière devient très vive, après trois
à quatre jours, si la chaleur est suffisante et le raisin bien mûr, et c'est à ce
moment que la plus grande partie du
sucre est décomposée.

Mais, à mesure que l'alcool augmente, l'activité du ferment diminue ;
le vin lui-même se colore à mesure que
la fermentation avance vers la fin. Il
est bon de fouler au bout de 4 à 5 jours
de cuvage pour obtenir une décomposition plus complète du sucre. Néanmoins, malgré toutes les précautions
désirables, il est rare que cette transformation du sucre s'achève en cuve.
D'habitude, le reste du sucre se transforme petit à petit, une fois le vin en
tonneau.

Le cuvage modifie d'une façon assez
sensible les caractères du vin : plus il
est prolongé, plus le vin obtenu est
rude et corsé. On obtient, au contrai-

4

re, des vins plus délicats par un faible
cuvage. — En somme, pour obtenir des
vins fins et délicats, il est nécessaire de
réduire le cuvage le plus possible, de 4
à 8 jours par exemple, tandis que pour
obtenir un vin corsé et coloré, on laisse le liquide de 12 à 17 jours en contact avec les pellicules et les grappes.

Il ne faut pas, dans tous les cas, trop
prolonger le cuvage, la qualité du vin
pourrait s'en ressentir ! «.... la confection des vins rouges à la cuve, écrit
le docteur Guyot, est exactement limi-
tée par la cessation de la chaleur très
apparente et du bouillonnement très
sensible. Lorsque l'oreille, appliquée à
la cuve, n'entend plus bouillir, lorsque
la main, plongée dans le marc, ne sent
plus de chaleur, le vin de *cuve*, dit vin
rouge, dit vin de *haute fermentation*,
est fait et parfait, quelle que soit sa
couleur ; il faut donc décuver au plus
vite, si l'on ne veut pas que les vins
rouges deviennent des vins noirs. »

Il importe cependant de ne pas décuver trop tôt, afin que la transformation du sucre soit aussi complète que
possible, surtout dans les pays froids.
Car le sucre qui reste indécomposé dans
le vin se met à fermenter au printemps
suivant et peut occasionner la *tourne*.

Pour décuver, on tire le vin par le
bas de la cuve. L'opération est bien fa-
cilitée quand on a la précaution de

mettre à l'intérieur de la cuve, contre
l'ouverture du robinet, une grille en
tôle, un torchon de paille, ou, encore,
un petit fagot de sarments, avant d'y
jeter la vendange, afin que les grains
ne s'opposent pas à l'écoulement du
vin.

Le premier vin est appelé vin de
traite ou vin de *goutte*. Par le pressurage, on obtient le vin de *pressoir*.

Pour presser le marc, le vin étant
complètement tiré, on le transporte sur
un pressoir.

Les types de pressoirs que nous pos-
sédons aujourd'hui sont très nombreux.
Les uns sont établis à demeure dans
le cellier, dans la grange ou sous un
hangar ; les autres sont montés sur
des charriots ou brouettes et peuvent
être transportés dans chaque ferme. Les
uns et les autres se composent essentiellement d'une plate-forme, carrée ou
circulaire, en bois, en ciment ou en fonte, et sur laquelle on place le marc.

Préférer le bois au ciment et à la
fonte ;

D'une ou deux vis, fixées la plupart
du temps à la plate-forme, destinées
à la pression ;

D'une cage en liteaux entourant la
vendange dans les pressoirs les plus
perfectionnés ;

D'un couvercle ou manteau que l'on

place sur le marc disposé en tas sur le
pressoir et qui reçoit la pression ;

Enfin, de crapauds, d'écrous et de
pièces diverses pour transmettre et
augmenter la puissance.

Les pressoirs modernes de Mabille,
Vigouroux, Vermorel et Masson sont
les plus recommandables. Ce dernier
peut même être mû par un manège et
un cheval. Son fonctionnement, tout
en étant des plus simples, diffère sensiblement des trois premiers.

Le marc est vidé dans une trémie,
puis entraîné par des toiles sans fin qui
le font passer entre deux cylindres qui
tournent en sens inverse. Le vin extrait traverse les toiles, pénètre dans
l'intérieur des cylindres par des trous
percés à leur surface, et est reçu dans
des gouttières qui, au moyen d'un tuyau,
le conduisent sous forme de jet conti-
nu au récipient qui doit le recevoir,
tandis que le marc pressé tombe sur le
sol.

Le travail fourni par le pressoir Masson est considérable. D'après l'inven-
teur, le type n° 1, mû à bras d'hommes, traite de 400 à 800 kilog. de marc
à l'heure, et le n° 2, mis en mouvement par un cheval, peut traiter jusqu'à 1,600 kilogr. de marc à l'heure.

J'ai déjà dit que le premier vin —
celui qui sort de la cuve — s'appelait
vin de traite. Il est encore désigné

sous les noms de *vin de cuve*, *vin de goutte* ou *mère-goutte*.

Le vin qui sort du pressoir s'appelle *vin de presse* ou encore *vin de pressoir*. Ces deux vins, fournis par une même vendange, n'ont cependant pas une composition exactement semblable. Le vin de goutte est plus clair, moins acide, moins rude et peut être consommé bien avant le vin de presse. Ce dernier diffère suivant qu'il est vin de première, deuxième ou troisième serre.

Le vin de première serre contient plus d'alcool que le vin de traite lui-même ; il est aussi plus riche en matières colorantes et en principes acides, mais moins agréable à boire que le vin de goutte, grâce à un excès d'acide qui assure sa conservation.

Le vin de seconde serre est bien moins riche en alcool et en couleur que le vin de *mère-goutte* ; il est aussi plus acide que celui de première serre. Sa composition, du reste, se trouve profondément modifiée suivant la force de la pression. Plus cette dernière est accentuée et plus le vin est acide. Le dernier vin extrait sent la grappe et contient, avec une très grande quantité de principes acerbes et astringents, une très forte proportion de matières mucilagineuses et albumineuses qui nuisent considérablement à sa qualité.

En résumé, des faits qui précèdent, on peut tirer les conclusions suivantes:

1° Ne jamais mélanger le vin de pressoir au vin de mère-goutte que l'on veut consommer immédiatement ;

2° Mélanger les vins des deux premières serres au vin de traite pour obtenir une conservation de plus longue durée ;

3° Mettre toujours à part le vin de troisième serre dont la richesse en mucilages et en matières albuminoïdes pourrait altérer les autres vins ; le faire consommer aussitôt qu'il sera clair, toujours avant le printemps ; à la rigueur, le conserver en petits fûts, mais le bien soutirer aux premiers beaux jours.

CHAPITRE VIII.

*Vinification des raisins de produc-
teurs directs. — Conditions que
doit réaliser une bonne cave. —
Les tonneaux et les foudres et leur
conservation.*

Depuis l'invasion phylloxérique,
beaucoup de viticulteurs ont été ame-
nés à cultiver des cépages américains
producteurs directs, c'est-à-dire des cépages dont les raisins sont capables de
donner directement du vin.

Sans être partisan de la culture de
ces plants producteurs directs, j'estime
que, dans certaines circonstances, ils
peuvent rendre quelques réels servi-
ces (1). Toutefois, comme les raisins
obtenus ne sont pas toujours francs de
goût, il y aura lieu d'employer la plupart du temps des procédés spéciaux
pour leur vinification.

En général, le vin produit est d'autant plus mauvais que le raisin est lui-
même plus mûr. Et c'est, pour cette
raison, que l'on conseille de couper sur

(1) Voir mon ouvrage sur la *Reconstitution des vignobles.*

le vert les fruits de presque tous nos producteurs directs. On ajoute ensuite du sucre à la vendange pour compenser celui perdu pour une récolte trop hâtive.

En mélangeant par 1|2 ou par 1|3 les raisins de directs avec des raisins français, en laissant peu cuver, on diminue également l'intensité de cette saveur.

Enfin, un collage et de nombreux soutirages achèvent de rendre buvables les vins les plus foxés.

Il est bon de faire remarquer, avant de changer de sujet, que l'intensité du goût foxé va en diminuant avec le temps ; elle disparait même au bout de quelques années chez les cépages où elle est peu prononcée.

Le vin, qu'il provienne de raisins américains ou de raisins français, achève de se modifier dès qu'il est en cave. Il importe donc que des soins particuliers lui soient prodigués pour que les transformations qui se succèdent lui soient favorables.

On appel cave le local dans lequel on conserve le vin en tonneaux. Ce local doit être approprié aux besoins de l'exploitation. On se contentera d'un simple cellier dans les fermes où le vin est vendu aussitôt après la récolte, tandis qu'une installation particulière est nécessaire pour une conservation d'une plus longue durée.

La température moyenne d'une bonne cave doit se maintenir entre 10 et 12 degrés (C). Au-dessus de 15 degrés, certains organismes microscopiques peuvent se développer et altérer la qualité des vins. Le point le plus essentiel est d'avoir une température basse et régulière, sauf dans certains cas, après le décuvage par exemple, surtout si le sucre n'est pas complètement transformé.

Alors, à la faveur d'une température supérieure à 15 degrés, la fermentation se continue et s'achève normalement en cave. Mais cette condition n'est que temporaire, et il devient avantageux et même nécessaire de placer le vin à une température voisine de 10 degrés dès que le sucre est complètement transformé, afin que les matières qui sont en suspension dans le liquide se déposent.

Les caves sont la plupart du temps creusées dans le sol, au-dessous des habitations. On ne doit jamais en construire trop près des routes où des voies ferrées ni dans le voisinage des fumiers, des lieux d'aisance et des canaux d'égouts : le mouvement et les mauvaises odeurs nuisent à la bonne conservation du vin.

L'air doit avoir accès dans la cave ;

il doit même s'y renouveler, car l'oxygène joue un rôle prépondérant dans le
vieillissement des vins. Il n'en est pas
de même de la chaleur qui est toujours
nuisible, et on doit prendre toutes les
précautions possibles pour l'empêcher
de pénétrer dans la cave avec l'air du
dehors.

Généralement, les tonneaux sont dis-
posés sur des madriers placés parallè-
lement à la longueur de la cave. C'est
sur ceux-ci qu'on établit, suivant la
largeur du local, une, deux ou trois
rangées de tonneaux.

Une excessive propreté est de rigueur dans toute cave bien tenue, et
l'on ne devra jamais y entreposer des
substances capables de fermenter ou
de produire une odeur désagréable.

Les tonneaux sont les vases dans
lesquels on loge le vin ; on appelle *foudres* des vases vinaires dont la conte-
nance dépasse 50 hectolitres. Les tonneaux n'ont pas, dans tous les pays,
une forme égale. Cependant, ils sont
toujours formés de deux troncs de cône assemblés par leur grande base, ce
qui permet de les cuber facilement.
La bonne conservation de la futaille et
son assainissement sont des causes prépondérantes pour assurer toutes les
qualités du vin. Aussi, est-il nécessaire
d'entretenir les fûts dans un parfait
état de propreté.

Quand on a affaire à un tonneau neuf, il faut le bien laver à l'eau bouillante et le rincer plusieurs fois à l'eau fraîche..

En imprégnant ensuite la surface intérieure des douelles avec de l'eau-de-vie, on assure convenablement la conservation du vin. Une précaution reconnue excellente consiste à ajouter quelques poignées de sel de cuisine à l'eau bouillante du premier rinçage.

Les tonneaux vides doivent être conservés dans un local ni trop sec ni trop humide. Quand il y a trop de sécheresse, les douelles se desserrent : l'air pénètre alors dans le fût et lui communique le goût de sec. Un excès d'humidité fait développer des moisissures qui sont naturellement fort préjudiciables.

La première chose à faire pour assurer la conservation d'un tonneau vide, est l'enlèvement de la lie ou tartre. Pour cela, les petits fûts sont rincés à l'eau bouillante et à la chaîne; on peut aussi remplacer cette dernière par des graviers que l'on introduit dans le tonneau par le trou de bonde. Dans les grands fûts, un ouvrier pénètre par le guichet et opère un bon raclage et un énergique brossage. La lie doit être mise de côté, car elle a une certaine valeur.

On rince ensuite les tonneaux à

grande eau, puis on les laisse'sécher quelques jours dans le cellier. Ensuite, on bouche toutes les ouvertures, sauf la bonde, et on fait brûler à l'intérieur une mèche soufrée — (3 à 5 centimètres de longueur par hectolitre) — que l'on suspend, une fois enflammée, à un crochet qui plonge dans l'intérieur du tonneau. Avoir soin de boucher hermétiquement la bonde pendant la combustion du soufre. Enfin, dès que la mèche est brûlée, on retire avec précaution le fil de fer, pour que la toile sur laquelle était collé le soufre ne reste pas dans le tonneau. On rebouche immédiatement le trou et les vapeurs de soufre à l'état de gaz acide sulfureux assurent d'une façon parfaite la conservation du fût en s'opposant au développement des germes et moisissures.

Quand on possède du soufre, il est assez facile de fabriquer soi-même des mèches soufrées. On coupe, à cet effet, des bandes de toile que l'on trempe à plusieurs reprises dans du soufre que l'on a fait fondre au préalable dans une mauvaise casserole.

Dans tous les cas, il sera utile de rincer à nouveau les tonneaux avant d'y mettre du vin.

Parfois, il arrive que les fûts contractent certains mauvais goûts, soit à la suite d'une conservation défectueuse, soit encore par l'altération même du liquide que le vase renferme. On se rend vite compte du bon goût d'un tonneau par l'odorat ; mais si l'on a quelques doutes, il suffit de boucher toutes les ouvertures après avoir versé dans l'intérieur deux ou trois litres de vin légèrement chauffé. On agite lentement dans tous les sens ; après 24 heures, on déguste ce vin : on peut sans crainte utiliser le fût si le liquide n'a pas de goût particulier.

Les principales altérations des tonneaux sont le goût de moisi, le goût de lie ou de sec et le goût d'aigre.

Le goût de moisi est dû à des moisissures qui se développent dans les fûts à la suite d'une très mauvaise conservation. Quand le goût est peu prononcé, on rince le tonneau avec un mélange d'eau et d'acide sulfurique dans les proportions de 1 litre d'acide pour 10 litres d'eau. On prépare cette dissolution, que l'on emploie à la dose de 5 litres par hectolitre, un peu à l'avance. Il faut tourner et retourner le tonneau dans tous les sens pour que l'acide passe partout, puis l'on rince plusieurs fois à l'eau fraîche.

Pour les tonneaux dont le goût de moisi est intense, plusieurs remèdes sont conseillés. On utilise de préférence 100 grammes de bisulfate de chaux dans 10 litres d'eau bien chaude par pièce. Dès que le fût est égoutté, on rince encore avec de l'eau fortement salée, puis on lave finalement à grande eau.

Lorsque les moisissures sont très profondes, il vaut mieux renoncer à l'usage du tonneau.

Le goût de lie est assez difficile à guérir. Il est contracté lorsque les tonneaux sont laissés vides et mal bouchés au contact de l'air et de la chaleur. On conseille de délayer deux kilog. de *tan* dans 7 à 8 litres d'eau chaude et de laisser séjourner 4 à 5 jours cette dissolution dans le tonneau après l'avoir roulé dans tous les sens. On rince après ce délai et on introduit de nouveau dans le fût 10 litres d'eau renfermant 100 gr. de soude. Enfin, on opère plusieurs rinçages à l'eau pure, puis on laisse bien égoutter.

On appelle goût d'aigre une altération qui se produit lorsque le vin ou la lie laissée au fond du fût ont contracté le goût d'acescence. Une lessive à la potasse ou à la soude, dans les proportions de 500 grammes d'alcali pour 10 litres d'eau, suffit pour se débarrasser de cette altération. Plusieurs rinçages successifs remettent ensuite le tonneau en bon état.

Pour les mauvais goûts non déterminés, on lave quelquefois avec une décoction de feuilles de pêcher dont le principe aromatique exerce toujours une influence heureuse sur la conservation des vases vinaires.

CHAPITRE IX

Conservation du vin : ouillages et transvasements. — Le collage et les coupages.

Nous avons vu précédemment que le vin achevait de se bonifier en cave, dans le tonneau. La fermentation qui se manifeste par cette dernière et quelquefois complète transformation du sucre en alcool et en gaz carbonique, oblige le vigneron à ne fermer complètement le trou de bonde qu'après un délai de 8 à 15 jours. Mais en même temps que cette transformation se continue, et toujours sous l'influence de la fermentation, et aussi grâce à la porosité du bois, le vin, dans les tonneaux, diminue de volume. Il se produit un vide à la partie supérieure du fût qui va sans cesse en s'agrandissant. Ce vide est très favorable au développement de certains organismes et en particulier au microbe de l'acescence. Aussi, pour éviter les inconvénients qu'amènent ces parasites, est-il prudent de procéder souvent au remplissage des tonneaux : l'opération s'appelle *ouillage*.

Pour les vins nouvellement décuvés, il convient d'ouiller tous les deux ou

trois jours. Après la première quin-
·zaine on ne procède que tous les huit
·jours au remplissage des fûts. Enfin,
quand la fermentation est achevée, il
faut ouiller toutes les trois semaines
ou tous les mois.

Afin que le remplissage des fûts ne
provoque aucun trouble, on conserve,
dans un tonneau spécial, du vin de goutte destiné exclusivement au ouillage·
des tonneaux en cave.

Et quand on possède plusieurs qualités de vins, il est nécessaire de conserver un fût dans chaque catégorie
pour maintenir à chacune d'elles leurs,
propriétés particulières.

Les fûts qui servent au remplissage
des autres sont certainement exposés à
certaines altérations que l'on prévient
parfaitement en brûlant une mèche
soufrée de temps en temps dans la
partie vide, à mesure que la vidange
s'accentue.

D'autres opérations sont encore né-
cessaires pour assurer la conservation
des vins en cave. C'est ainsi qu'au bout
d'un certain temps la lie se dépose au
fond du tonneau. Or, comme ce dépôt
contient des ferments dont l'action
peut être nuisible au vin, il convient
de séparer le dépôt du liquide dès que
celui-ci est complètement dépouillé.
De là, la nécessité d'effectuer le trans-
vasement du vin. On transvase deux·

fois les vins ordinaires et trois fois les vins fins pendant la saison. Il est prudent de prendre certaines précautions pour éviter le contact prolongé de l'air, ce dernier pouvant précipiter une partie de la matière colorante.

Le premier soutirage se fait durant la première quinzaine de décembre pour les vins ordinaires et en février-mars pour les vins fins. Il a pour but d'aérer le liquide et de précipiter les matières azotées. Il en résulte naturellement un second dépôt qui peut remonter dans le vin avec les chaleurs et l'altérer. On doit donc effectuer un nouveau soutirage peu après le premier : en mars pour les ordinaires et en juin pour les vins de qualité. Ces derniers sont encore transvasés au mois d'août.

Il est avantageux de procéder au soutirage du vin par un temps sec et froid, avec le vent du Nord, et de choisir un moment où la pression atmosphérique est très élevée, afin que le liquide ait bien toute sa limpidité.

On pratique le soutirage de plusieurs manières. Dans les exploitations peu étendues, on tire d'abord le vin dans des seaux ou récipients particuliers pour le reverser ensuite dans un tonneau propre avec l'aide d'un entonnoir.

Ce premier procédé est excellent lorsqu'on veut aérer le vin pour le

vieillir ou pour précipiter les matières
albuminoïdes. Mais lorsqu'il s'agit de
conserver à notre précieux produit toute sa couleur et tout son bouquet, on
fera usage du siphon pour transvaser
un tonneau dans un autre.

En principe, les bons vins de montagnes seront toujours transvasés à l'a-
bri de l'air ; ce dernier agent est au
contraire utile pour les vins de plaines
qui contiennent beaucoup de matières
azotées. Il est avantageux de relever
ces derniers par l'addition d'un peu
d'acide tartrique après le premier soutirage à l'air.

On peut encore soutirer le vin avec
des pompes aspirantes et foulantes ; la
maison Vermorel, de Villefranche
(Rhône), en construit de plusieurs
modèles.

Quand les soutirages ne suffisent pas
pour clarifier les vins, on peut encore
faire subir à ceux-ci des traitements
spéciaux, entre autres : le *filtrage*, le
collage, le *mutage*, le *chauffage* et les
coupages.

On filtre les vins avec des appareils
appelés *filtres*, et dont les plus pratiqués sont le *filtre-presse* et le *filtre à
manches* de Vigouroux.

Mais les filtres sont très rarement
employés dans les petites exploitations
de nos pays, et ce n'est que dans les
grandes caves du Midi de la France

qu'ils jouent un certain rôle. Chez nous, on remplacera autant que possible le filtrage par le collage.

Cette dernière opération permet de débarrasser le vin des matières qui nuisent à sa limpidité en évitant le contact de l'air. On se sert généralement, pour clarifier les vins, d'une matière albuminoïde, soluble dans l'eau, mais capable de se coaguler à la faveur de l'alcool et des acides du liquide. Cette coagulation ou précipitation du principe coloïde employé, a pour effet d'entraîner les corps qui sont en suspension dans le vin.

« Les matières albuminoïdes employées dans le collage des vins, écrit M. Rougier, agissent de deux manières: une partie se dissout dans le liquide et forme avec le tanin un composé insoluble qui tombe au fond du tonneau ; l'autre forme une espèce de réseau qui s'étend sur toute la surface du liquide et qui, en se précipitant, entraîne toutes les matières insolubles...c'est l'action clarifiante de la colle. »

On doit coller le vin entre 7 et 12 degrés (C) de température. Avec une chaleur trop faible, la colle risque de se dissoudre dans le liquide sans donner de résultats appréciables ; si la température est trop élevée, les matières albumineuses peuvent déterminer la fermentation du vin, lequel se trouble alors davantage au lieu de se clarifier.

Les substances les plus employées
sont le blanc d'œuf et la colle de poisson ; la première de ces deux substances est sans contredit la meilleure.

Voici comment on procède :

On prend deux blancs d'œufs par
hectolitre de liquide à coller, dans lesquels on ajoute 12 à 15 grammes de sel
de cuisine par œuf. On bat fortement
ce mélange dans une assiette bien propre. Aussitôt que l'albumine s'est trans-
formée en mousse blanche, on verse le
tout dans le tonneau en ayant la précaution de rincer ensuite l'assiette avec
un peu de vin. On agite fortement celui-ci en tous sens, dans le tonneau,
avec un bâton muni d'un croisillon, et
l'albumine se répand en réseau à la surface du liquide. Ce réseau en descen-
dant petit à petit dans le fond du vase
vinaire entraînera dans son mouvement toutes les matières en suspension
dans le vin.

La colle de poisson se trouve dans le
commerce. On l'emploie à la dose de
15 à 20 grammes par hectolitre. On la
délaie préalablement dans du vin légèrement chauffé ; on bat comme précédemment et on verse dans le fût en agitant le liquide en tous sens. On active
la clarification en ajoutant, quelques
jours après le collage, 25 grammes d'acide tartrique par hectolitre de
vin. Le vin clarifié est immédiatement

transvasé dans un tonneau très propre.

D'autres opérations sont encore usitées dans le Midi pour empêcher les vins de fermenter ou pour concentrer ceux-ci, les vieillir, et éviter le développement des maladies. Ce sont le mutage et le chauffage des vins d'après la méthode Pasteur. Je n'ai pas à détailler ici ces deux opérations essentiellement méridionales ; je me contenterai de clôturer ce chapitre par quelques mots sur les coupages.

Les vins sont rarement parfaits. Il y en a d'acides et de trop doux; quelques-uns sont riches en alcool et en extrait sec, alors que d'autres manquent de ces substances. En les mélangeant on remédie à ces imperfections et on améliore notablement les uns et les autres. L'expérience seule peut déterminer les proportions de vins à mélanger ensemble, et dans nos régions on se trouvera bien quelquefois de mêler nos vins acerbes de pays avec les vins plus colorés et plus liquoreux du Midi. Mais, malgré les avantages des coupages, il est encore infiniment préférable d'obtenir des vins complets dans la propriété par un choix judicieux et préalable de cépages à planter dans le vignoble.

———

CHAPITRE X

Composition du vin. — Les défauts naturels et accidentels. — Les maladies parasitaires et les moyens de les combattre.

L'eau est l'élément dominant du vin. On rencontre encore, avec cette dernière, de l'alcool, des acides, l'extrait sec et les différents principes qui fournissent l'arome et le bouquet.

Selon leurs qualités, les vins renferment de 80 à 93 pour cent d'eau, de 5 à 12 pour 0|0 et au-dessus d'alcool, et de 18 à 36 grammes par litre d'extrait sec.

On dose l'alcool avec l'appareil Salleron (1).

Les vins faibles, qui ne titrent que 5 à 6 p. 0|0 d'alcool, ne peuvent voyager que très difficilement ; on doit les conserver dans des caves bien fraîches et les consommer le plus tôt possible sur place.

Lorsque la fermentation a été com-

---

(1) Des instructions particulières, qui indiquent d'une façon très claire la manière d'opérer, accompagnent tous les appareils de M. J -B. Salleron.

plète et que le degré alcoolique se trouve compris entre 8 et 9 p. °/₀, les vins peuvent très bien se conserver et voyager, à moins toutefois — ce qui arrive assez rarement — que les matières albuminoïdes soient en trop fortes proportions.

Nos bons vins rouges titrent de 9 à 12 degrés d'alcool ; au-dessus de cette limite, on a les vins de coupage qui sont employés pour remonter les vins faibles.

Tous les vins renferment, dans des proportions variables, qui tendent à diminuer avec le vieillissement, des acides tartrique, malique, tannique, etc. Ces acides sont indispensables, et quand ils manquent, ce qui n'arrive presque jamais dans notre pays, on doit les ajouter dans les vins.

L'extrait sec s'obtient par l'évaporation du vin à l'étuve ou dans un four à pain. Les chimistes se basent sur la quantité d'extrait sec pour reconnaître quand un vin a été mouillé, c'est-à-dire additionné d'eau.

L'arome et le bouquet ont une très grande influence sur la valeur des vins. Ils varient, selon le cépage, la nature du sol, l'exposition et le traitement des vins en cave. Ces deux principes subissent également des modifications profondes par le vieillissement, et le vigneron doit faire tous ses efforts pour les maintenir dans des proportions suffisantes par une excellente conservation.

Cependant, malgré tous les soins désirables, les vins présentent quelquefois certains défauts naturels ou accidentels qu'il est bon de connaître, afin de les atténuer dans la mesure du possible. C'est ainsi que l'excès d'acidité, qui donne de l'âpreté et de la verdeur au liquide, peut se prévenir par l'égrappage, le cuvage rapide et l'addition de sucre à la cuve. D'énergiques collages et de nombreux soutirages achèvent de corriger ces défauts. On peut aussi neutraliser l'acidité du vin en le coupant avec un vin plat ; ce mélange donne d'excellents résultats.

Le goût de *moisi* des vins est contracté dans les tonneaux. Ce goût est d'autant plus accentué que le vin reste plus longtemps dans les fûts altérés. Dès que l'on s'aperçoit de cet accident, on doit transvaser immédiatement le vin dans un tonneau propre et méché. On verse ensuite dans le fût un demi-litre d'huile d'olive extra-fine par hectolitre, et on agite fortement le liquide en tous sens.

L'huile d'olive se répand en fines gouttelettes dans l'intérieur de la masse, puis remonte à la surface en emportant avec elle le goût de moisi. On soutire le vin de rechef, afin de le

séparer de la matière huileuse, et on
rince les premiers tonneaux avec beaucoup de soins pour que le goût de moisi
ne pénètre pas dans le bois.

Le goût de sec des futailles se trans-
met avec une très grande facilité au
vin. Mais de forts collages et quelques
soutirages suffisent la plupart du temps
pour l'atténuer. On peut aussi utiliser
l'huile d'olive quand le goût est intense,
et provoquer au besoin la refermenta-
tion du liquide par l'addition de levûre
et de 2 à 3 kilogr. de sucre par hectolitre.

Le vin est aussi atteint par certaines
maladies, dues à des végétations microscopiques. Ces végétations que nous
connaissons aujourd'hui parfaitement,
grâce aux travaux d'un savant dont la
France s'honore, M. Pasteur, modifient
profondément la composition du liquide dans lequel elles vivent. Les belles
recherches de M. Pasteur, en nous ap-
prenant la manière de vivre de ces êtres
microscopiques, nous ont aussi fort
heureusement fait connaître les moyens
de les éviter ou de les détruire. Nous
allons essayer de les résumer à grands
traits dans les lignes suivantes:

On appelle *fleurs*, des productions
blanchâtres qui se développent et vivent
à la surface du vin. Ces fleurs ou chaî-
nes ne sont qu'une multitude de petits
champignons qui se multiplient aux

dépens de l'air et de l'alcool. Ayant
besoin d'oxygène, ces végétations ne se
rencontrent que dans les tonneaux en
vidange.

Il est facile de les éviter en tenant
les fûts bien ouillés et bien bouchés.
Quand elles existent, on s'en débarras-
se aisément, soit par un fort méchage
dans la partie vide, soit par un remplissage complet du tonneau. On aura même la précaution de faire dégorger le
liquide par le trou de bonde pour que
les fleurs se déversent au-dehors.

L'acescense est une maladie plus gra-
ve que la précédente ; elle est encore
appelée *fermentation acétique, ai-
greur* ou *goût d'aigre*. Elle est due,
comme la précédente, à un ferment spécial qui se développe aux dépens de
l'air et de l'alcool et qui transforme le
vin en vinaigre. Mais le ferment de
l'ascescence au lieu de rester à la surface plonge dans la masse du liquide.

On la retrouve préférablement dans
les vins faibles, lorsque la température
est suffisamment élevée et surtout
lorsque les tonneaux sont laissés en vidange.

Il est bien plus facile d'éviter cette
maladie que de la guérir ; on y arrive
en empêchant le contact de l'air pendant le cuvage, en maintenant le chapeau
enfoncé dans le moût au moment de la
fermentation vineuse.

Dès que l'acescence commence dans un tonneau, il faut immédiatement chauffer le vin pour tuer les ferments.

On neutralise ensuite l'acide du liquide avec de la chaux, du marbre pilé, de la craie ou de la potasse en dissolution. Toutefois, avant de faire usage de ces différents remèdes, il convient de les expérimenter à doses variables sur des échantillons d'un litre. Par la dégustation, on se rend compte des résultats obtenus, et une fois la dose déterminée, on opère en grand avec la substance qui a produit les meilleurs effets.

Quand un vin renferme plus d'un gramme d'acide acétique par litre, il est préférable de le transformer en vinaigre ou de le vendre pour cette utilisation. Il est assez commode de se rendre compte, par le dosage, de la quantité d'acide acétique que peut contenir un vin. Pour un gramme d'acide, on procède de la manière suivante :

On prend 9 décigrammes de potasse ou 10 décigrammes de carbonate de potasse que l'on fait dissoudre dans de l'eau pure. On verse l'une ou l'autre de ces deux dissolutions dans un litre de vin.

Si le goût d'aigre se maintient, il y a plus d'un gramme d'acide acétique par litre et il y a lieu de transformer le vin en vinaigre. Si, au contraire, le

goût disparaît, on entreprend de
nouveaux essais avec des doses de potasse moindres, afin de déterminer la
dose minimum de dissolution potassi-
que capable de saturer tout l'acide formé dans le liquide. Il est facile de reconnaître cette proportion en opérant
sur un litre et en variant les doses : 9,
8, 7, 6, 5 décigrammes, etc. On traite
ensuite l'ensemble du vin en employant
la quantité de potasse indiquée par
cette première expérience.

La méthode est la même pour la
craie, le marbre pilé et la chaux.

Une fois l'opération terminée, on
donne un bon collage, puis on soutire
le vin dès qu'il est clair dans un tonneau fortement mêché au soufre. Une
excellente précaution consiste à ajouter un litre d'eau-de-vie de bon goût
et 30 grammes d'acide tartrique par
hectolitre au vin nouvellement traité :
le premier pour réparer les pertes oc-
casionnées par le ferment ; le second
pour remplacer l'acide saturé par les
matières alcalines.

L'*amertume* est une maladie spéciale à certains crus.

Elle altère la matière colorante,
qui se dépose, et communique au vin
une saveur fade qui tourne à l'amer
au bout de très peu de temps. On doit
coller fortement le vin et le transvaser
dans un tonneau propre et mêché. On

ajoute ensuite, par hectolitre, 50 grammes d'acide tartrique et deux litres
d'alcool de bon goût.

La *tourne* est une maladie qui prend
préférablement naissance chez les vins
fabriqués avec des vendanges altérées.
Le vin atteint se décolore, devient vio-
let, et est très désagréable à boire. Il vaut
mieux faire des vins en blanc avec les
vendanges gâtées en séparant, dès le
premier jour, les matières solides du
jus, et en ajoutant dans ce dernier de
la levûre ou de la lie pour activer la
fermentation. En chauffant le vin quand
il continue à tourner, on peut aussi en-
rayer la maladie.

On appelle *pousse* une maladie qui
ressemble beaucoup à la tourne. Elle
en diffère cependant par une production abondante de gaz, ce qui n'a pas
lieu avec la tourne.

La pousse est provoquée par un ferment spécial qui achève de décomposer
le sucre restant dans les vins. Elle se
produit par un temps d'orage et de forte chaleur. La lie remonte dans le liquide, grâce aux variations de la pression atmosphérique.

On prévient la maladie par une fermentation complète du sucre au moment du cuvage. On peut aussi l'éviter
ou tout au moins l'atténuer beaucoup
par le chauffage, le collage et l'addition
d'acide tartrique. Les vins complète-

ment montés doivent être distillés : ils
produisent de l'alcool de bonne qualité.

La *graisse* est la maladie des vins
blancs qui manquent de tannin. Le vin
devient filant comme de l'huile, sans
être cependant trop désagréable à
boire.

Pour prévenir la graisse et la guérir,
il suffit d'ajouter 15 à 30 grammes d'a-
cide tannique par hectolitre de vin
blanc en agitant le mélange.

CHAPITRE XI

*Les piquettes et les vins de marcs.
— L'interversion du sucre et ses
résultats.*

Après le pressurage, le marc renferme encore une certaine quantité de
principes utilisables dont on peut tirer
profit pour la fabrication des piquettes, des vins de marcs et de l'eau-de-
vie.

La piquette s'obtient en ajoutant de
l'eau pure au marc après le soutirage
et même après le pressurage. En lais-
sant macérer cette eau pendant un certain temps, elle s'empare de l'alcool
que renferment encore les grappes et
dissout des autres éléments contenus
dans les parties solides de la vendange.

Les piquettes obtenues directement
après le soutirage du vin de goutte sont
meilleures que celles fabriquées après
le pressurage.

La confection des piquettes diffère
sensiblement suivant les régions. Tantôt on opère par macération, tantôt par
lavage du marc par aspersion ou à l'aide de cuves communicantes.

Dans la plupart des exploitations de
nos pays, on opère par macération, et

je me contenterai, dans cette courte étude, de décrire ce dernier procédé :

Après le soutirage, on jette dans la cuve, qui renferme le marc, une certaine quantité d'eau, environ, en volume, la moitié du vin soutiré. Mais on a soin, préalablement, de bien émietter et de bien diviser le marc dans la cuve.

On laisse l'eau pendant six à huit jours, en ayant la précaution de fouler deux fois par jour, matin et soir, et de bien recouvrir la cuve pour empêcher l'altération du marc. Il est aussi nécessaire de porter l'eau à 30 degrés (C) de température. Sans cette dernière précaution, la fermentation devient mauvaise, notamment quand la température est faible.

La piquette risque souvent de s'altérer par les chaleurs de l'été ; il faut la conserver dans des caves bien fraîches et la consommer autant que possible pendant la morte-saison.

Il n'en est pas de même des vins de marcs qui sont, pour la plupart, d'une conservation durable, à cause de leur composition plus riche et plus complexe ; ils sont, en outre, beaucoup plus nourrissants et plus agréables à boire.

Leur préparation diffère un peu de celle de la piquette, car, pour les vins de marcs, l'apport d'une certaine quantité de sucre est une condition indispensable. Mais ces vins sont moins riches en extrait sec, en tartre, en tannin et en matières colorantes que les vins de cuve, quoique de goût ils se rapprochent beaucoup des vins obtenus directement avec la vendange.

Pour fabriquer les vins de marcs, encore appelés seconds vins, on peut employer toutes les matières sucrées. Dans la pratique, on donne la préférence aux sucres de canne et de betterave, cristallisé ou raffiné, et on s'en trouve très bien. Ces produits ne communiquent aucun mauvais goût au second vin, et leur usage, depuis la diminution des droits, permet d'obtenir de l'alcool de bonne qualité et à bon marché.

Quelle est la quantité de sucre à employer ? La teneur alcoolique du second vin que l'on désire obtenir peut seule faire varier cette proportion. On estime que, pour un degré d'alcool, il faut 1 kilog. 700 de sucre. Pour un second vin à 8 0/0 d'alcool, il faudra donc environ 14 kilog. de sucre par hectolitre d'eau. On dépasse rarement ce chiffre ; on préfère même demeurer en dessous, afin d'avoir un produit se rapprochant davantage des vins naturels.

Mais pour que le sucre se transforme immédiatement en alcool et en acide carbonique, il faut lui faire subir une préparation spéciale qui le modifie. Cette modification doit être d'autant plus complète que les ferments sont plus fatigués par le premier cuvage. Et c'est pour avoir négligé cette précaution que, dans beaucoup de seconds vins, le sucre reste indécomposé.

Alors, au lieu d'avoir un degré d'alcool pour 1 kilogr. 700 de sucre, le liquide est moins riche et conserve une saveur douceâtre qui facilite beaucoup son altération.

On prévient tous ces inconvénients par l'*interversion* du sucre, c'est-à-dire par sa transformation préalable en glucose ou sucre de raisin. Cette opération a pour but de faire bouillir le sucre dans de l'eau additionnée d'acide tartrique ou sulfurique.

L'acide sulfurique s'emploie à la dose de 4 grammes par kilogr. de sucre; on fait bouillir la dissolution sucrée (moitié eau, moitié sucre) pendant 45 minutes.

Au point de vue commercial, il est préférable de faire usage de l'acide tartrique à la dose de 10 grammes par kilogr. de sucre. On fait fondre le sucre dans de l'eau ou dans du moût, puis on fait bouillir pendant une heure. L'ébullition terminée, on ajoute de l'eau à la dissolution sucrée pour ramener sa température à 30 degrés (C) avant de la verser dans la cuve.

D'après Michel Perret, l'interversion du sucre amène les résultats suivants :

— —

1º La fermentation est complète et le second vin n'a pas de saveur douceâtre après le décuvage ;

2º La coloration est beaucoup plus vive et beaucoup plus intense que par la méthode ordinaire ;

3º Le tartre se dépose moins dans les tonneaux et le vin est beaucoup plus corsé ;

4º La saveur et les caractères sont avantageusement modifiés ; le second vin a plus de vinosité, son goût et plus moëlleux et se rapproche davantage du vin ordinaire.

On améliore notablement les seconds vins en les coupant avec des vins plus corsés ; on obtient alors un produit tout à fait recommandable lorsqu'il est vendu sous sa véritable dénomination.

TABLE DES MATIÈRES

CHAMBÉRY. — IMPRIMERIE MÉNARD

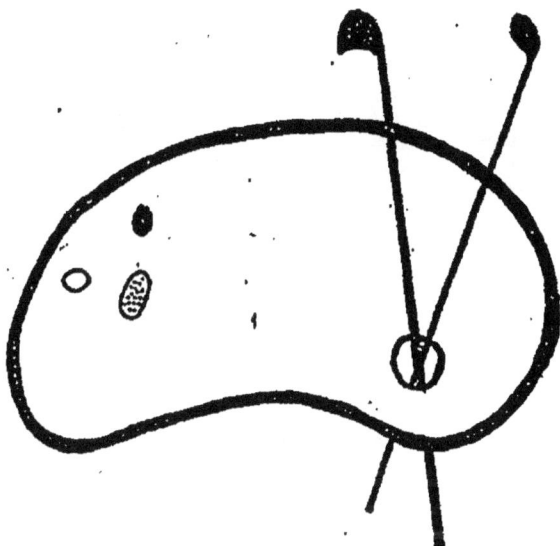

ORIGINAL EN COULEUR
NF Z 43-120-8

www.ingramcontent.com/pod-product-compliance
Lightning Source LLC
Chambersburg PA
CBHW050617210326
41521CB00008B/1292